KB155689

식객 허영만의 백반기행 4

**일러두기**

- 이 책은 TV조선 〈식객 허영만의 백반기행〉 143회부터 191회까지 방영된 식당 중에서 저자가 뽑은 곳들을 소개합니다.

- 본문의 식당 정보는 2023년 5월을 기준으로 작성하였으며, 이후 식당 사정에 따라 변경될 수 있습니다. 방문 전, QR코드 스캔 혹은 전화 문의를 권장드립니다.

---

- **QR코드 스캔 방법** : 스마트폰 카메라(네이버 앱 및 다음 앱)를 연 뒤, QR코드 위로 갖다 대어 스캔합니다. 브라우저 연결 창이 뜨면 들어가 식당 정보를 확인할 수 있습니다.

식객이 뽑은 진짜 맛집

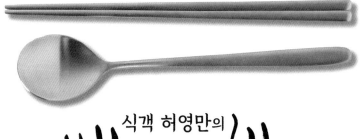

식객 허영만의
# 백반기행 4

"이 한 권이면 전국 어디를 가든 밥 걱정은 NO!"

허영만 · TV조선 제작팀 지음

가디언

## 백반은 어머니의 손맛이다

텃밭에서 기른 푸성귀를 뜯어다가

된장에 주물주물 내놓은 나물 반찬이나

바닷가에서 건져 올린 돌게를 양념에 무쳐 상에 올리거나

술 한잔 걸치고 온 아들 속을 풀어주려고 끓여낸 시래깃국이나

어머니는 있는 것들만으로도 맛있는 밥상을 차려주셨다.

그렇게 차려진 밥상을 찾아 떠난 백반기행은

어머니의 손맛을 찾아가는 여정이다.

채반에 고봉으로 담겨 나오는 어머니의 정성을

무엇에 비기겠는가.

골골마다 집집마다 제철에 나는 것들로 차려진 밥상을

마주하면 나는 행복해진다.

허영만

버킷리스트를 몇번 반복하니 지방따라 집집마다
맛이 달라지는걸 알았다. 큰 수득이다.
강경의 ○○○ 튀하라이 그랬고 서산의 ○○ 식당이 그랬고
서울 홍돼의 ○○○ 식당이 그랬다.
내 입맛을 맞춰와 첫날 버킷을 무너진다.
맛은 그 버킷리앙성에 머물기라.
버킷을 즐길수 있는 버녀이 좋았다.
일로라의 일치이 기다 된다.

## 차례

## 경기 밥상

## 🍴 강원 밥상

## 대전·충청 밥상

## 대구·부산·경상 밥상

## 광주 · 전라 밥상

# 서울 밥상

# 서울

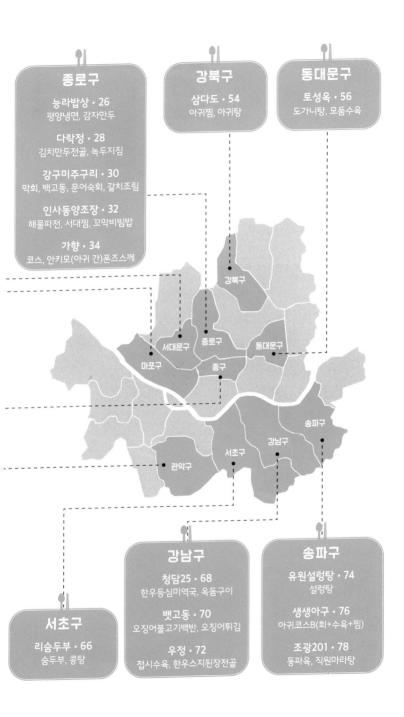

**종로구**

능라밥상 · 26
평양냉면, 감자만두

다락정 · 28
김치만두전골, 녹두지짐

강구미주구리 · 30
막회, 백고동, 문어숙회, 갈치조림

인사동양조장 · 32
해물파전, 서대찜, 꼬막비빔밥

가향 · 34
코스, 안키모(아귀 간)폰즈스께

**강북구**

삼다도 · 54
아귀찜, 아귀탕

**동대문구**

토성옥 · 56
도가니탕, 모둠수육

**서초구**

리숨두부 · 66
숨두부, 콩탕

**강남구**

청담25 · 68
한우등심미역국, 옥돔구이

뱃고동 · 70
오징어불고기백반, 오징어튀김

우정 · 72
접시수육, 한우스지된장전골

**송파구**

유원설렁탕 · 74
설렁탕

생생아구 · 76
아귀코스B(회+수육+찜)

조광201 · 78
동파육, 직원마라탕

# 밀밭정원

**TEL. 02-364-1041**

**식당 주소**

서울 마포구 마포대로16길 13

**운영 시간**

11:30-22:00

주말 11:30-21:00

브레이크 타임(평일) 15:00-17:00

**주요 메뉴**

생두부

콩국수

들기름냉밀국수

직접 뽑은 들기름, 우리 밀 면, 국산 콩…. 전국을 다니며 엄선한 국산

재료만 쓰는 집.

우리 밀 콩국수, 두부, 들기름국수.

올 여름은 피서 계획 끝났다.

## 진진

**TEL. 070-5035-8878**

식당 주소

서울 마포구 잔다리로 123

운영 시간

12:00-22:00
브레이크 타임 15:00-17:00
라스트 오더 14:30, 21:00

주요 메뉴

멘보샤
소고기양상추쌈
칭찡우럭

중식 사부들의 사부가 하는 식당이니 무슨 말이 더 필요하겠는가.

엄지 척!

우럭 한 마리가 순식간에···.

방문 날짜 20    .   .        나의 평점 🍚🍚🍚🍚🍚

방문 후기

## 맛있는밥상
## 차림
### TEL. 02-308-0011

식당 주소

서울 마포구 월드컵북로44길 76, 2층

운영 시간

11:30-22:00

브레이크 타임 15:00-17:00

첫째, 셋째 주 토요일, 매주 일요일 휴무

주요 메뉴

흑보리들기름비빔밥반상

코다리갈비

방아부침개

남편과 근처 방송국 사람들을 위해 제철 식재료로 만든 좋은 음식을
대접하고 싶었단다.

간은 있으나 미미하다.

먹은 듯 먹지 않은 듯 다음 끼니를 기대하게 만든다.

마음에 두고 싶은 집이다.

방문 날짜 20    .    .    나의 평점 🍚🍚🍚🍚🍚

방문 후기

# 매향

TEL. 010-4938-8968

**식당 주소**
서울 마포구 성암로3길 27

**운영 시간**
11:00-21:00
매주 일요일 휴무

**주요 메뉴**
삼선군만두
삼선손만두
북경짜장면

한국으로 유학 온 아들을 따라와 식당을 차린 엄마가 선보이는 100%
북경식 만두와 짜장면.

꽃을 찾아서 들판을 방황하다
집에 오니 마당에 매화가 피어 있구나.

방문 날짜 20 . .    나의 평점 😊😊😊😊😊

방문 후기

## 청안식탁

**TEL. 02-363-7890**

식당 주소

서울 서대문구 충정로4길 21

운영 시간

11:30-22:00

브레이크 타임 15:00-17:20

주말 휴무 (매월 넷째 주 금요일 점심 영업만)

주요 메뉴

닭개장

매콤닭무침

평양식 닭개장집. 닭고기를 토렴해서 낸다는데, 무엇 하나 빈틈 없는 맛을 선보인다.

골목 구석구석 묵은 때가 정다운 곳.
음식에서도 푸근함이 느껴진다.

---

방문 날짜  20    .        .        나의 평점  🍚🍚🍚🍚🍚

---

방문 후기

## 능라밥상

TEL. 02-747-9907

**식당 주소**
서울 종로구 사직로2길 14

**운영 시간**
11:00-21:00
브레이크 타임 15:00-16:00
라스트 오더 20:30

**주요 메뉴**
평양냉면
감자만두

메밀 100% 면. 메밀 껍질을 넣지 않아 순백색을 띠는 면은 익반죽을

해 쫄깃하다.

한가락 하는 냉면집은 많습니다.

이 집도 그중 한 곳입니다.

100% 메밀 면이 끊어지지 않게 반죽하는 법은 비밀이라고 합니다.

모두가 아는 비밀은 비밀이 아닙니다.

---

방문 날짜 20     .     .     나의 평점 😊😊😊😊😊

---

방문 후기

# 다락정

**TEL. 02-725-1697**

식당 주소

서울 종로구 삼청로 131-1

운영 시간

11:00-21:30

주요 메뉴

김치만두전골
녹두지짐

만두에 김치가 아니라 양념한 배추를 넣는게 비법. 녹두전은 어리굴

젓을 곁들이는 황해도 방식으로 즐겨 보자.

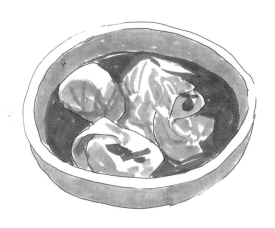

이곳은 경복궁 부근입니다.

궁 안에 계셨던 분들 밤에 몰래 나와 즐겼을 직합니다.

---

방문 날짜  20    .    .            나의 평점  ☺ ☺ ☺ ☺ ☺

---

방문 후기

# 강구미주구리

**TEL. 02-733-7888**

**식당 주소**

서울 종로구 자하문로2길 5

**운영 시간**

11:00-22:30

브레이크 타임 15:00-17:00

매주 일요일 휴무

**주요 메뉴**

막회, 백고동

문어숙회, 갈치조림

제철 생선을 썰어 내는 막회와 매일 산지 주문하는 백골뱅이가 신선

하기 그지없다.

오래 살면서 발품 팔아야

좋은 음식 만납니다.

방문 날짜  20    .    .          나의 평점  🍚🍚🍚🍚🍚

방문 후기

# 인사동양조장

TEL. 02-739-6451

**식당 주소**

서울 종로구 율곡로 44-16

**운영 시간**

11:30-22:00

주말 12:00-21:00

브레이크 타임(평일) 15:00-17:00

**주요 메뉴**

해물파전

서대찜

꼬막비빔밥

장독이 많은 집이야말로 음식에 내공이 있는 곳이다. 저온 숙성 막걸
리와 해물파전의 만남!

서울 시내 한복판에 배짱 좋게 뜨어억!
직접 빚은 막걸리라 전이 있다면 더 일러 무엇하리오.

방문 날짜 20    .    .        나의 평점 🍚🍚🍚🍚🍚

방문 후기

# 가향

TEL. 02-2279-5327

**식당 주소**
서울 종로구 삼일대로 390-10

**운영 시간**
17:30-24:00

**주요 메뉴**
코스(전화 예약 필수)
안키모(아귀 간)폰즈스께
모둠숙성회, 가오리찜

코스를 예약하고 원하는 재료를 말하면, 한·중·일·양식으로 다양하게 조리된 음식을 맛볼 수 있다.

살다 보면 필요한 것을 채우면서 살아가는데,
이 집이 그런 집입니다.

| 방문 날짜 | 20 . . | 나의 평점 | 🍚🍚🍚🍚🍚 |
| --- | --- | --- | --- |

방문 후기

# 셔울곰탕

**TEL. 02-2279-8314**

식당 주소

서울 중구 장충단로7길 28

운영 시간

10:00-22:00(토요일 20:00)
브레이크 타임 15:00-17:00
매주 일요일 휴무

주요 메뉴

돼지곰탕
수육

곰탕집은 김치가 맛있어야 하는데, 이 집이 그 집이다. 젓갈 넣지 않은 강원도식 물김치가 시원하기 그지없다.

돼지로 곰탕을 끓였습니다.
첫 대면이었지만 이내 친해졌습니다.
그리고 이 집 물김치….
유혹이 아주 심합니다.

방문 날짜 20 . .   나의 평점 🍚🍚🍚🍚🍚

방문 후기

# 신정식당

TEL. 010-6383-1903

식당 주소
서울 중구 창경궁로5길 34-7

운영 시간
11:00-21:00
브레이크 타임 14:00-16:00
매주 일요일 휴무

주요 메뉴
백반(11:00-13:00)
닭볶음탕

근처 공장에서 일하는 식구를 위해 차린 밥상이 소문이 나서 식당을 차렸단다. 맛도 가격도 특등!

아!
이곳!
어머니의 밥상!

방문 날짜 20　.　.　　　나의 평점 🍚🍚🍚🍚🍚

방문 후기

## 충무로쭈꾸미
## 불고기 충무로본점

TEL. 02-2279-0803

식당 주소

서울 중구 퇴계로31길 11

운영 시간

12:00-22:00
토요일 12:00-21:30
매주 일요일 휴무

주요 메뉴

모둠(주꾸미, 키조개)

보름마다 담그는 고추장이 이 집 주꾸미 맛의 비법. 게다가 숯불에다
구워 먹으면, 다른 소스가 필요 없다.

이 메뉴 하나로 45년.
입맛 까다로운 종로에서 버틴 집입니다.
확인이 필요 없습니다.

방문 날짜  20 .  .        나의 평점 🍚🍚🍚🍚🍚

방문 후기

# 뚱보식당

## TEL. 02-2267-1801

**식당 주소**

서울 중구 퇴계로27길 14

**운영 시간**

11:00-22:00

매주 일요일 휴무

**주요 메뉴**

통고기

껍데기

이틀에 한 번 마장동에서 고기를 받아 와 저온 숙성을 한단다. 덕분에
탄력이 남다르다.

고기는 같지만 맛을 내는 사람은 다릅니다.
같은 돌이라도 조각가의 수준에 따라 작품이 달라지듯 말입니다.

방문 날짜 20 .    .        나의 평점 ⛛⛛⛛⛛⛛

방문 후기

## 콩나물국밥
## 맛있는집
### TEL. 02-2252-5489

식당 주소

서울 중구 퇴계로 431

운영 시간

09:00-21:30
라스트 오더 21:00

주요 메뉴

콩나물국밥
감자전

황태 대가리로 육수를 낸 시원하고 깔끔한 콩나물국밥. 밥은 따로,
달걀은 뚝배기 속에 풍당!

오랜만에 왔습니다.
국밥 맛이 변치 않아 고맙습니다.

방문 날짜 20 . . 나의 평점 🍚🍚🍚🍚🍚

방문 후기

## 을지로전주옥

**TEL. 02-2279-1710**

식당 주소

서울 중구 수표로 63

운영 시간

11:00-22:00

브레이크 타임 15:00-17:00

매주 일요일 휴무

주요 메뉴

오징어불갈비찜

숯불 초벌 갈비와 오징어를 한 데 넣고 센 불에 7분간 조린다. 마지막에 먹은 볶음밥이 최고 별미!

샐러리맨의 분화구.
을지로의 버팀목.

## 곰국수손만두

**TEL. 02-2275-5453**

식당 주소

서울 중구 장충단로7길 31

운영 시간

11:00-21:00(토요일 15:00)

브레이크 타임 15:00-17:00

매주 일요일 휴무

주요 메뉴

곰국수

육전

자가 제면을 해 가늘지만 탱탱한 면발 자랑하는 곳. 돼지 목살로 만든
육전도 놓칠 수 없는 메뉴다.

숟가락 통의 정리된 가지런함에
이미 이 집의 맛을 짐작했습니다.
역시···.

---

방문 날짜  20  .  .  나의 평점  🍚🍚🍚🍚🍚

방문 후기

## 옥경이네 건샘전

TEL. 02-2233-3494

**식당 주소**

서울 중구 퇴계로85길 7

**운영 시간**

13:00-24:00

매주 월요일 휴무

**주요 메뉴**

갑오징어구이

민어조림

서대조림

남편이 목포에서 직접 생선을 말린다. 싱싱한 놈들을 이틀간 해풍에
말렸으니 그 쫄깃함은 말해 무엇 하겠는가.

건갑오징어가 한맛 하는 것은 알고 있었지만

아~ 이래서는 안 돼~~!

## 르셰프블루

TEL. 02-6010-8088

식당 주소

서울 중구 청파로 435-10

운영 시간

11:30-22:00

브레이크 타임 15:00-18:00

매주 일요일 휴무, 전화 예약 필수

주요 메뉴

런치 기본 코스

프랑스 대사관 총괄 셰프가 운영하는 곳. 채식 코스도 가능하니 예약할 때 말하면 된다.

한국에서 프랑스 백반 주문이 가능합니다.
한국 음식과 전혀 타협하지 않은 본토 맛입니다.
(프랑스에서 먹어 봤어?)

방문 날짜  20   .   .        나의 평점  🍚🍚🍚🍚🍚

방문 후기

# 삼다도

**TEL. 02-988-7709**

식당 주소

서울 강북구 삼양로29길 10-16

운영 시간

11:00-22:30

라스트 오더 21:30

매주 월요일 휴무(공휴일인 경우 정상영업)

주요 메뉴

아귀찜

아귀탕

특별한 양념이 없는 아귀탕. 모든 맛은 아귀와 채소에서 나온단다.

40년 노포의 힘이다.

아귀탕에 다양한 재료가 들어갔지만
질서가 있어서 맛을 한층 더 보탭니다.

방문 날짜 20 .       .       나의 평점 🍚🍚🍚🍚🍚

방문 후기

# 토성옥

TEL. 02-966-1839

식당 주소
서울 동대문구 약령서길 28

운영 시간
08:00-21:00

주요 메뉴
도가니탕
모둠수육

36년간 약령시장을 지켜온 노포. 가격은 착한데 양은 넉넉하니, 참서민 식당이다.

나이 드신 분들이 운영하는 맛집에 가면
늘 후계자가 걱정됩니다.
하지만 이 집을 보고 걱정이 싹 없어졌습니다.
1대 사장과 2대 사장은 혈육 관계는 아니지만
믿음으로 물려받았습니다.

방문 날짜 20    .    .    나의 평점 🍚🍚🍚🍚🍚

방문 후기

# 완산정

### TEL. 02-878-3400

식당 주소

서울 관악구 봉천로 484

운영 시간

09:00-02:00
금요일, 토요일 08:00-05:00
일요일 08:00-17:00

주요 메뉴

콩나물해장국
굴보쌈(계절 한정 판매)

빨갛고 시원한 국물과 아삭한 콩나물, 통통하게 불은 쌀밥. 서울대입구역의 45년 터줏대감이다.

고시생, 대학생의 호주머니 사정을 생각해 주는 집.
여기서 희망을 배불린다.

방문 날짜  20     .        .        나의 평점  😊 😊 😊 😊 😊

방문 후기

## 막불감동

**TEL. 02-883-2110**

식당 주소

서울 관악구 남부순환로 1599

운영 시간

11:00-22:00
브레이크 타임 15:20-16:40
라스트 오더 21:30

주요 메뉴

메밀칼국수
메밀새우교자

메밀칼국수를 시키면 불고기도 주는 곳. 통메밀, 순메밀로 반죽한 면의 향이 일품이다.

백반기행을 멈출 수 없는 이유.
문을 나가는 손님들의 만족스러운 얼굴이 가득합니다.

---

방문 날짜  20    .    .          나의 평점  😊😊😊😊😊

---

방문 후기

# 춘천골
# 숯불닭갈비

**TEL. 02-873-8592**

식당 주소

서울 관악구 신림동7길 46

운영 시간

16:00-24:00
라스트 오더 23:00

주요 메뉴

닭갈비

간판 없는 식당. 그러나 웨이팅은 필수! 닭을 부위별로 먹을 수 있다니, 신세계 발견이다.

All about chicken!

방문 날짜 20 .  .        나의 평점 🍚🍚🍚🍚🍚

방문 후기

## 또순이원조순대
## 본점
### TEL. 02-884-7565

식당 주소

서울 관악구 신림로59길 14

운영 시간

10:00-04:00

월요일 10:00-22:00

주말 09:00-04:00

주요 메뉴

순대곱창볶음

백순대볶음

삼삼오오 모여서 부담 없이 먹고 갈 수 있는 이런 가게가 있다는 게
신림동의 복이다.

와! 실내가 전부 분홍색!
나이트클럽에서 가성비 높은 순대 먹는 맛!

방문 날짜  20    .    .          나의 평점  🍚🍚🍚🍚🍚

방문 후기

## 리숨두부

TEL. 02-578-1701

식당 주소

서울 서초구 원터4길 7

운영 시간

10:00-21:00

주말 09:30-21:00

라스트 오더 20:30

주요 메뉴

숨두부

콩탕

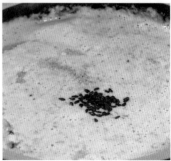

'콩의 자존심'을 살리는 집. 하나의 두부에서 서리태와 백태, 두 가지 맛을 느낀다.

청계산 정상이 전부가 아니다.
저 아래에 숨찬 등산객을 기다리는 님이 있다.
빨리 하산하시라.

---

방문 날짜 20    .    .          나의 평점 😋😋😋😋😋

---

방문 후기

# 청담25

**TEL. 02-3443-2577**

식당 주소

서울 강남구 압구정로79길 32

운영 시간

11:00-06:00

일요일 11:00-22:00

라스트 오더 05:00(일요일 21:00)

주요 메뉴

한우등심미역국

옥돔구이

오독오독 씹히는 맛 좋은 울릉도 돌미역을 사골 육수에 넣고 끓인 명
품 미역국.

이미 단골이 된 듯합니다.
맛이 찌르지 않고 푸근합니다.

방문 날짜 20    .    .          나의 평점  🥣🥣🥣🥣🥣

방문 후기

## 뱃고동

**TEL. 02-514-8008**

식당 주소

서울 강남구 언주로172길 54

운영 시간

11:30-22:00

주말 12:00-22:00

라스트 오더 21:15

주요 메뉴

오징어불고기백반(점심 한정 판매)

오징어튀김

오징어는 낙지보다 한 수 아래라고 생각했던 편견이 깨졌다. 이 집,
사랑하게 될 것 같다.

부우웅~ 부우웅~
오징어 나가신다 길을 비켜라!

# 우정

**TEL. 02-515-1808**

식당 주소

서울 강남구 도산대로55길 23

운영 시간

11:00-23:00

일요일 11:00-21:00

브레이크 타임 15:00-17:00

주요 메뉴

접시수육

한우스지된장전골

접시수육은 업진살, 우설, 아롱사태, 볼살 순으로 먹어야 제맛이란다.

스지전골은 소면 추가 필수!

여보시게, 아직도 입맛이 돌아오지 않았다고?

여기 와 보시게.

맛과 영양이 접시 가득이라네.

방문 날짜  20     .      .          나의 평점  🍚🍚🍚🍚🍚

방문 후기

## 유원셜렁탕

TEL. 02-414-2256

**식당 주소**

서울 송파구 삼전로 90

**운영 시간**

09:00-21:00

브레이크 타임 14:00-17:00

라스트 오더 20:00 (재료 소진 시 조기 마감)

**주요 메뉴**

설렁탕

어머니 하던 방식 그대로. 푸짐한 소머리 고기와 깊고 진한 국물 맛에 머리를 박고 먹게 된다.

주인장의 눈웃음이 머무는 곳.
식객의 발걸음을 잡는 곳.

---

방문 날짜 20 . . 나의 평점 🍚🍚🍚🍚🍚

방문 후기

# 생생아구

**TEL. 02-419-2922**

식당 주소

서울 송파구 백제고분로7길 8-37

운영 시간

11:00-22:00

라스트 오더 21:00

전화 예약 추천

주요 메뉴

아귀코스B(회+수육+찜)

주문 즉시 생아귀를 잡는 곳. 아귀를 수없이 먹었지만 이 집은 상당히

감동적이다.

잠심 뻘이 예사롭지 않습니다.

골목 깊은 곳에 숨은 아귀집.

예술입니다~~~.

## 조광201

**TEL. 070-8015-1529**

식당 주소

서울 송파구 새말로8길 13, 2층

운영 시간

18:00-22:00

매주 일요일, 월요일 휴무

전화 예약 추천 (재료 소진 시 조기 마감)

주요 메뉴

동파육(한정 판매)

직원마라탕

기름에 튀기고, 압력솥에서 찌고…. 하루에 딱 여덟 접시만 파는 동파육이랍니다!

간판도 없는 곳.
중국 본토 음식을 맛볼 수 있는 곳.
마라탕의 매운맛은 저를 병원으로 보내고 말았습니다.

---

방문 날짜  20   .   .  　　　나의 평점

---

방문 후기

# 경기 밥상

# 경기

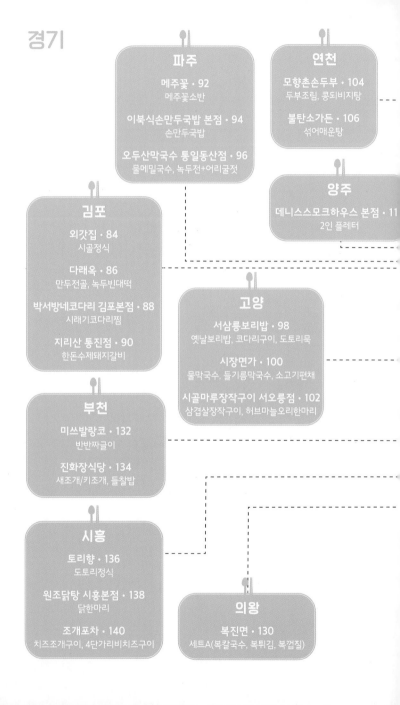

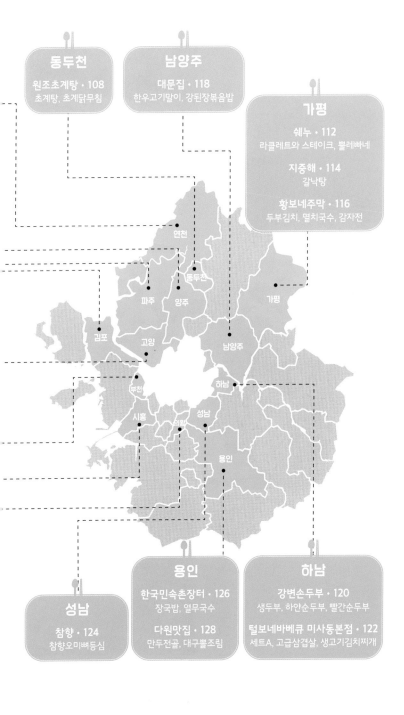

**동두천**

원조초계탕 · 108
초계탕, 초계닭무침

**남양주**

대문집 · 118
한우고기말이, 강된장볶음밥

**가평**

쉐누 · 112
라클레트와 스테이크, 뿔레빠네

지중해 · 114
갈낙탕

황보네주막 · 116
두부김치, 멸치국수, 감자전

연천

동두천

파주 · 양주

김포

고양

가평

부천

남양주

시흥 · 의왕 · 성남

하남

용인

**성남**

참향 · 124
참향오미뼈등심

**용인**

한국민속촌장터 · 126
장국밥, 열무국수

다원맛집 · 128
만두전골, 대구뽈조림

**하남**

강변손두부 · 120
생두부, 하얀순두부, 빨간순두부

털보네바베큐 미사동본점 · 122
세트A, 고급삼겹살, 생고기김치찌개

# 외갓집

**TEL. 031-998-4331**

식당 주소

경기 김포시 하성면 석평로 374-8

운영 시간

11:30-20:00

주요 메뉴

시골정식

농사지은 재료로 만든 반찬과 직접 담근 장, 여기에 이천 쌀밥까지.

진짜 외갓집에서 먹는 할머니 밥상 같다.

마루에서 받은 푸짐한 한 상.

눈 쌓인 마당에서 뒹구는 흰 강아지.

# 다래옥

TEL. 031-988-4152

식당 주소

경기 김포시 돌문로86번길 11-5

운영 시간

11:30-21:00
브레이크 타임 15:00-17:00
매주 일요일 휴무

주요 메뉴

만두전골
녹두빈대떡

어려웠던 시절, 육수를 내고 남은 고기를 잘게 찢어 고명으로도 썼던 이북 사람들의 애환이 여기에 담겨 있다.

평양식 만두, 개성식 만두, 서울식 만두
따져 봐도 정성 가득한 만두만 하겠는가!

## 박서방네코다리
## 김포본점

TEL. 031-987-2343

### 식당 주소
경기 김포시 양촌읍 석모로 85

### 운영 시간
11:00-22:00
브레이크 타임 15:30-17:00
라스트 오더 20:30 매주 월요일 휴무

### 주요 메뉴
시래기코다리찜

매일 3시간은 양념을 만드는 데 쏟단다. 남기지 말고 밥 비벼 먹고, 소면 넣어 먹고 하자.

서른한 가지 양념은 밋밋한 코다리를
멋진 미인으로 바꿔 놨다.

## 지리산 통진점

**TEL. 031-998-9925**

식당 주소

경기 김포시 통진읍 조강로56번길 86

운영 시간

11:00-22:00
라스트 오더 21:00

주요 메뉴

한돈수제돼지갈비

반찬부터 고기까지, 그야말로 다 퍼 준다. 이래서 남나 싶은데, 퍼 주고 망한 집은 없다는 사장님이다.

맛 짱!

양 짱!

가성비 짱!

짱! 짱! 짱!

방문 후기

# 메주꽃

**TEL. 031-944-0277**

**식당 주소**

경기 파주시 탄현면 새오리로339번
길 16

**운영 시간**

11:00-15:00(주말 19:00)
브레이크 타임(주말) 15:00-16:30
매주 월요일 휴무 (재료 소진 시 조기 마감)

**주요 메뉴**

메주꽃소반

표고버섯탕수, 백목이버섯냉채, 수육, 장단콩 된장찌개…. 정갈하고
잔잔하며 은은하다.

장맛비 주룩주룩 메주꽃 찾아다녔네.

진달래꽃, 장미꽃, 제비꽃, 분꽃….

메주꽃 찾기를 단념할 즈음

메주에 피는 곰팡이가 그 꽃이라는 걸 알았네.

방문 날짜 20 ．  ．        나의 평점 🍚🍚🍚🍚🍚

방문 후기

# 이북식손만두국밥 본점

TEL. 031-943-6065

식당 주소

경기 파주시 순못길 114-7

운영 시간

09:30-16:00

(재료 소진 시 조기 마감)

주요 메뉴

손만두국밥

이북 방식 그대로 꾸미(국이나 찌개에 넣는 고기붙이)를 얹어서 고명처럼 먹는다.

주먹만 한 만두와 밥을 넣어 끓이고 짓이겨서 먹는 국밥.
허기와 향수를 한꺼번에 달래고도 남는다.

# 오두산막국수
## 통일동산점

**TEL. 031-941-5237**

**식당 주소**

경기 파주시 탄현면 성동로 17

**운영 시간**

11:00-21:00
라스트 오더 20:30
매주 화요일 휴무

**주요 메뉴**

물메밀국수
녹두전+어리굴젓

식객의 단골 식당. 구수한 녹두전에 칼칼한 어리굴젓 하나 얹어 먹고,

시원한 물막국수 육수 한 모금 들이키면 끝!

녹두전과 어리굴젓의 조합은 예술이다.

막걸리에 막국수, 배가 차오르는 것이 아쉽다.

---

방문 날짜  20    .    .          나의 평점  🍚🍚🍚🍚🍚

---

방문 후기

## 서삼릉보리밥

TEL. 031-963-5694

식당 주소

경기 고양시 덕양구 서삼릉길 124

운영 시간

11:00-19:00

브레이크 타임 15:20-16:00

매주 수요일 휴무 (재료 소진 시 조기 마감)

주요 메뉴

옛날보리밥
코다리구이
도토리묵(한정 판매)

98

하루 20인분 한정 판매 도토리묵. 금방 다 팔린다는데, 먹어 보면 이유를 안다. 코다리구이도 필수!

순하면서도 각각 제맛을 뽐내는 곳.
이런 집이 우리 동네에 있었으면….

방문 날짜  20    .    .    나의 평점 🍚🍚🍚🍚🍚

방문 후기

## 시장면가

**TEL. 031-817-9000**

식당 주소
경기 고양시 덕양구 고양대로1395
번길 19-22

운영 시간
11:00-20:30
라스트 오더 20:00
(재료 소진 시 조기 마감)

주요 메뉴
물막국수
들기름막국수
소고기편채

들기름국수가 어떻게 이렇게 산뜻할 수가 있을까. 소고기편채도 깔린 양파와 같이 먹으면 물릴 틈이 없다.

익히 아는 맛인데 또 감동 먹었습니다.

방문 후기

## 시골마루장작구이
## 서오릉점

### TEL. 02-336-5292

식당 주소

경기 고양시 덕양구 서오릉로 307-
16

운영 시간

11:00-22:00
브레이크 타임 15:00-16:00
라스트 오더 20:30

주요 메뉴

삼겹살장작구이
허브마늘오리한마리

참나무 장작으로 훈연한 고기. 은은하게 퍼지는 숯 향과 쫀득한 식감에 젓가락질을 멈출 수 없다.

150°C로 딱 맞춰 굽는다니,
주먹구구식이 아닙니다.
기름기 넉넉히 머금고 갑니다.

방문 날짜  20    .    .         나의 평점 😋😋😋😋😋

방문 후기

## 모향촌손두부

**TEL. 031-835-2119**

식당 주소

경기 연천군 전곡읍 전곡로 119

운영 시간

11:30-22:00

주요 메뉴

두부조림
콩되비지탕

이 집 두부조림은 대멸(큰 멸치)이 들어가 졸이면 졸일수록 더 맛있어진다.

연천 두부 요리에서 여수의 멸치 비린내를 맡고 말았습니다.
멸치와 두부가 이렇게 잘 어울립니다.

방문 날짜 20 .        나의 평점 🍚🍚🍚🍚🍚

방문 후기

# 불탄소가든

**TEL. 031-834-2770**

**식당 주소**

경기 연천군 연천읍 현문로 526-29

**운영 시간**

11:00-20:30

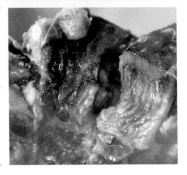

**주요 메뉴**

섞어매운탕

3년 묵힌 고추장이 이 집 탕 맛의 핵심. 게다가 생선도 한탄강에서 직접 잡아 온단다.

강가 높은 언덕의 매운탕집.
저 아래 강 속 물고기들은 떨고 있다.

방문 날짜  20    .    .          나의 평점  🍚🍚🍚🍚🍚

방문 후기

# 원조초계탕

TEL. 031-861-0781

식당 주소

경기 동두천시 어수로 35

운영 시간

11:00-22:00

라스트 오더 21:10

주요 메뉴

초계탕

초계닭무침

노계를 오랜 시간 서서히 삶았다. 참기름을 쳤나 싶을 정도로 고소한 닭 맛에 새로운 지평을 본 기분이다.

통닭, 백숙, 구이가 대세인 닭 요리 대열에
기름기 쫙 빠진 초계탕이 들어섰습니다.
선두 주자가 확실시됩니다.

---

방문 날짜  20   .   .   　　　나의 평점  🍚🍚🍚🍚🍚

---

방문 후기

# 데니스스모크
## 하우스 본점

### TEL. 031-829-0290

식당 주소

경기 양주시 장흥면 북한산로 1014-4

운영 시간

11:00-22:00
브레이크 타임 15:30-17:00
매주 월요일 휴무

주요 메뉴

2인 플레터

삼겹살, 목살, 브리스킷, 풀드포크를 치미추리소스에 찍어 먹고, 햄버거로 만들어 먹고!

이봐요, 당신 어디서 왔어?

이 동네는 허리에 권총 차고 다니면 안 됩니다.

총은 여기 맡기고 나갈 때 찾아가시오.

응? 내가 누구냐고? 여기 보안관이오.

O.K 목장의 결투 주인공 와이어트 어프요.

아, 예. 그렇게 하겠습니다만

이 집 훈제 고기는 먹어도 되겠지요?

---

## 쉐누

**TEL. 031-584-5865**

### 식당 주소

경기 가평군 청평면 잠곡로91번길
29

### 운영 시간

11:00-21:00(일요일 20:00)
브레이크 타임 15:00-17:00
매주 월요일, 화요일 휴무

### 주요 메뉴

라클레트와 스테이크
뿔레빠네
코코뱅

식당 뒤편 비닐하우스에서 채소를 직접 재배해서 쓴단다. 그야말로 프랑스 백반집이다.

향을 중시하는 프랑스식 아침 식사입니다.
코로나 때문에 막혔던 해외 여행,
여기에서 해결했습니다.

방문 날짜 20      .      .      나의 평점 🍚🍚🍚🍚🍚

방문 후기

## 지중해

**TEL. 031-582-4689**

식당 주소

경기 가평군 가평읍 석봉로 214

운영 시간

12:00-22:00
토요일 11:30-21:00
매주 일요일 휴무

주요 메뉴

갈낙탕

매일 삶는 갈비와 수산 시장에서 가져온 싱싱한 낙지, 직접 농사지은 고춧가루까지.

지중해의 랍스터, 가평의 갈낙탕.
꿀릴 이유 하나도 없습니다.

---

방문 날짜 20    .    .          나의 평점  ⊗⊗⊗⊗⊗

방문 후기

# 황보네주막

TEL. 010-3192-2545

**식당 주소**

경기 가평군 설악면 다락재로 8

**운영 시간**

09:00-22:00

**주요 메뉴**

두부김치
멸치국수
감자전

꽉 누르지 않아 식감이 보드라운 두부. 직접 농사지은 콩으로 만들어
서일까? 두부가 달콤하다.

15년 전 자전거 해안선 일주할 때
왔던 집이 이 집인가 아닌가···.
아! 두부김치 맛을 보니 여기였구나!

방문 날짜 20 　.　 　.　　　　나의 평점 🍚🍚🍚🍚🍚

방문 후기

# 대문집

**TEL. 031-577-1979**

## 식당 주소

경기 남양주시 고산로 249-12

## 운영 시간

11:00-21:00

## 주요 메뉴

한우고기말이
강된장볶음밥

미나리, 쪽파, 팽이버섯을 홍두깨살로 감싼 고기말이. 하지만 아무리 맛있어도 강된장볶음밥을 놓쳐서는 안 됩니다.

연인끼리 마주한 밥상.
이쁘게 먹을 수 있는 고기말이 한 점.

방문 날짜  20    .    .          나의 평점  😊😊😊😊😊

방문 후기

# 강변손두부

**TEL. 031-791-6470**

식당 주소

경기 하남시 미사동로 105-1

운영 시간

07:30-20:30
브레이크 타임 16:00-17:00(주말 15:00-
16:00) 매주 월요일 휴무

주요 메뉴

생두부
하얀순두부
빨간순두부

투박하게 누르는 옛 방식으로 만든 생두부. 콩물과 같이 떠서 양념장을 살짝 얹어서 먹는다.

미사리의 풍경은 자꾸 바뀌는데
이 집 손두부는 변치 않는 100년을 기대하게 하네.

---

방문 날짜  20    .    .          나의 평점  🍚🍚🍚🍚🍚

방문 후기

## 털보네바베큐
## 미사동본점

**TEL. 031-791-1025**

### 식당 주소

경기 하남시 미사동로 49

### 운영 시간

11:00-22:00
라스트 오더 21:00

### 주요 메뉴

세트A(삼겹살+등갈비+…)
고급삼겹살
생고기김치찌개

참나무 향 솔솔 풍기는 돼지 바비큐. 훈연하듯 구워 기름기가 쫙 빠져

그야말로 겉바속촉이다.

한참 가을···.

캠핑 떠나지 못하는 낭만객을 위해 존재하는 곳.

방문 날짜  20    .    .          나의 평점  🍚🍚🍚🍚🍚

방문 후기

## 참향

TEL. 031-709-5444

식당 주소

경기 성남시 분당구 새마을로 181

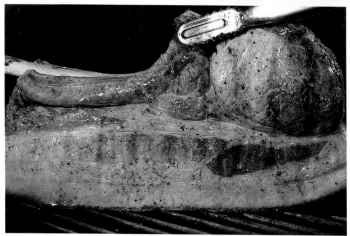

운영 시간

11:30-21:30
브레이크 타임(평일) 15:30-17:00
매주 월요일 휴무

주요 메뉴

참향오미뼈등심(한정 판매)

오겹살, 등갈비, 등심, 가브리살, 껍질까지 무려 다섯 가지 맛을 한 번에 즐길 수 있다.

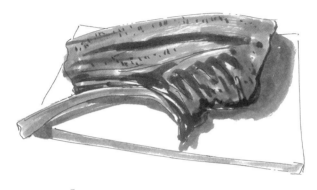

두꺼운 돼지고기 불판 위에서 몸을 태운다.
달려드는 식욕을 밀쳐 내다가
"에라, 내일은 내일! 오늘에 충실하자!"

## 한국민속촌 장터

### TEL. 031-288-2850

식당 주소

경기 용인시 기흥구 민속촌로 90

운영 시간

10:30-18:30

주요 메뉴

장국밥
열무국수

직접 담근 장을 넣고 가마솥에 푹 끓인 장터국밥과 여름 한정 판매 열무국수. 민속촌에 어느 음식이 이보다 더 어울릴까.

날도 뜨겁고 국밥도 뜨거우니
이런 날에는 열무국수가 제격.
여기는 언제 왔었지?
장터는 우리 마음의 고향입니다.

방문 날짜 20 .  .      나의 평점 🍚🍚🍚🍚🍚

방문 후기

# 다원맛집

**TEL. 031-323-1246**

### 식당 주소

경기 용인시 처인구 남사읍 경기동로 67

### 운영 시간

10:00-20:30
브레이크 타임 15:00-16:00
매주 월요일 휴무 (재료 소진 시 조기 마감)

### 주요 메뉴

만두전골
대구뽈조림

건새우로 육수를 내 시원한 국물과 0.7mm 얇은 피 자랑하는 만두.

맛있는 것을 넘어서 멋있는 전골이다.

밥상에서 칠게장을 봤을 때 이미 승부는 끝났습니다.

만두… 최고입니다.

# 복진면

### TEL. 031-426-5812

**식당 주소**

경기 의왕시 독정이길 28

**운영 시간**

10:00-22:00

**주요 메뉴**

세트A(복칼국수, 복튀김, 복껍질)

청계산 산중에 웬 복집이 있나 하겠지만, 무려 복어 조리 기능장이 운영하는 집이다.

사는 집 바로 열에 복 요릿집이 있었네요.
산중에 자리 잡은 이유가 충분합니다.

---

방문 날짜 20 .    .          나의 평점 🍚🍚🍚🍚🍚

방문 후기

# 미쓰발랑코

### TEL. 032-324-7087

식당 주소

경기 부천시 조마루로285번길 40

운영 시간

11:00-22:00

브레이크 타임 15:00-17:00(주말 16:00-
17:00) 라스트 오더 21:00

주요 메뉴

반반짜글이

젓갈 없이 담근 김치를 써야 돼지 맛을 해치지 않는 짜글이가 된단다.

여기, 스파게티 사리 추가요!

이 집 다녀간 맛객 여러분의 선택에
적극 동감합니다.

방문 날짜  20    .    .          나의 평점  🍚🍚🍚🍚🍚

방문 후기

# 진화장식당

TEL. 032-666-5501

**식당 주소**

경기 부천시 부천로148번길 44

**운영 시간**

10:00-22:00

**주요 메뉴**

새조개/키조개
들찰밥

1월~3월이 제철인 새조개. 팔팔 끓을 때, 두 마리씩 넣고 6초가 지나면 바로 건져서 먹자.

부천에서 만난 남도 음식.
고향 맛은 항상 저를 따라다닙니다.

나의 평점

방문 후기

# 토리향

**TEL. 031-311-0776**

식당 주소

경기 시흥시 소래산길 51

운영 시간

11:30-15:00

주말 11:30-17:00

전화 예약 필수

주요 메뉴

도토리정식

주문이 들어오면 주인장이 정성스럽게 하나하나 요리해서 낸다. 맛
도 자극적이지 않아 속이 편안하다.

맛있게 먹고 나니 고기는 한 점도 없었습니다.
그것이 전혀 불만스럽지 않았습니다.

방문 날짜 20    .    .         나의 평점

방문 후기

## 원조닭탕
## 시흥본점

TEL. 031-311-3701

식당 주소

경기 시흥시 신천로44번안길 23

운영 시간

11:00-21:00
브레이크 타임 15:00-16:00
라스트 오더 20:00 매주 일요일 휴무

주요 메뉴

닭한마리

근처 공무원이 인정한 맛집. 시간이 많이 걸리더라도 일일이 닭 기름을 제거하고, 한 마리씩 비법 소스로 염지를 한단다.

반찬은 딱 두 가지,
대강 담근 대강김치와 무우장아찌.
이유는 닭탕이 맛있기 때문입니다.

# 조개포차

**TEL. 010-7338-7338**

식당 주소

경기 시흥시 오이도로 215

운영 시간

10:00-01:00
금요일, 토요일 10:00-03:00

주요 메뉴

치즈조개구이
4단가리비치즈구이

생조개만 취급하는 곳. 조개의 짭조름함과 치즈의 고소함이 입 안에서 은근히 어우러진다.

4단가리비치즈구이,
사랑할 수밖에 없는 맛.

방문 날짜 20 .    .    나의 평점 🍚🍚🍚🍚🍚

방문 후기

# 강원 밥상

# 강원

**화천**

**낙타민박 · 146**
산채비빔밥

**솥 · 148**
콩탕, 사골손만둣국

**삼호가든 · 150**
깨죽삼계탕

**양구**

**처음처럼 · 152**
매운등갈비

**백토미가 · 154**
시래기소불고기, 시래기돌솥비빔밥

**전주식당 · 156**
촌두부전골, 두부구이

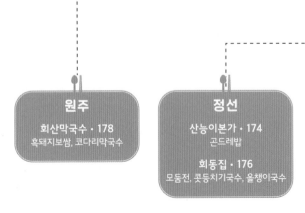

**원주**

**회산막국수 · 178**
흑돼지보쌈, 코다리막국수

**정선**

**산능이본가 · 174**
곤드레밥

**회동집 · 176**
모둠전, 콧등치기국수, 올챙이국수

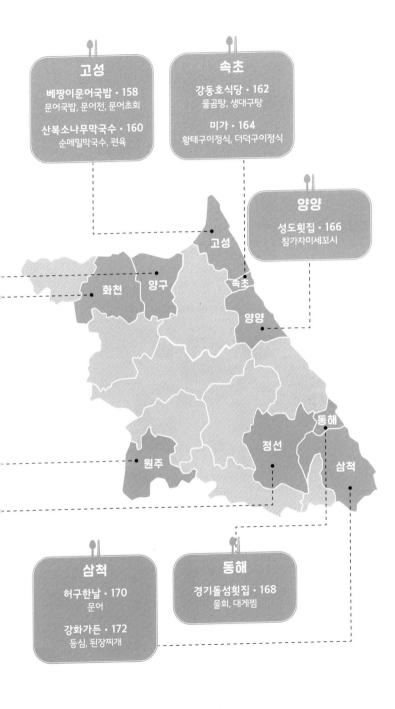

고성

화천 · 양구 · 속초

양양

정선 · 동해

원주 · 삼척

## 낙타민박

**TEL. 033-442-0554**

식당 주소

강원 화천군 화천읍 비수구미길 944

운영 시간

전화 예약 필수

주요 메뉴

산채비빔밥

모터 보트를 타야만 갈 수 있는 곳(호수가 얼면 걸어서 갈 수 있음). 보트 이용료는 따로 내야 한다.

강 건너 누가 살고 있는가.

기척 없는 비수구미

향기로운 나물이 외로움을 덜어 주네.

---

방문 날짜 20    .    .        나의 평점  😊😊😊😊😊

방문 후기

**솥**

TEL. 033-442-2856

식당 주소

강원 화천군 화천읍 산수화로 91

운영 시간

11:00-14:00
주말 휴무

주요 메뉴

콩탕
사골손만둣국

가정집 같은 식당 분위기. 강원도식 반찬과 강된장, 콩탕, 만둣국이
옛 맛 그대로를 간직하고 있다.

백반기행의 못된 점은
음식이 맛있어도 남길 수밖에 없다는 고통입니다.
다음 집에 가서 촬영하면서 또 먹어야 하니까….

방문 날짜  20  .  .          나의 평점

방문 후기

# 삼호가든

**TEL. 033-441-8292**

식당 주소

강원 화천군 사내면 문화마을1길 14

운영 시간

10:30-21:30

매주 일요일 휴무

(7월 초부터 말복까지는 무휴)

주요 메뉴

깨죽삼계탕

들깨죽 같이 구수한 깨죽삼계탕. 비법은 세 번 삶은 닭발 육수와 껍질 벗긴 들깨란다.

화천의 유일한 삼계탕집입니다.
닭을 품고 있는 들깨죽이 일품인데
닭고기는 씹을 것이 없을 정도로 부드럽습니다.

방문 날짜 20    .    .          나의 평점 🍚🍚🍚🍚🍚

방문 후기

## 처음처럼

TEL. 033-481-0103

**식당 주소**
강원 양구군 양구읍 양록길23번길
12-6

**운영 시간**
11:00-22:00
라스트 오더 20:30
매주 일요일 휴무

**주요 메뉴**
매운등갈비

수북하게 쌓인 양파가 익으면 익을수록 또 다른 맛이 난다. 강원도 칼바람 이기는 화끈한 등갈비다.

순한 맛 등갈비 정복!
다음엔 중간 매운맛으로 도전!

방문 날짜  20    .      .          나의 평점  🍚🍚🍚🍚🍚

방문 후기

# 백토미가

**TEL. 033-481-5287**

식당 주소

강원 양구군 방산면 장거리길 17

운영 시간

10:30-21:00

매주 월요일 휴무

전화 후 방문 추천

주요 메뉴

시래기소불고기

시래기돌솥비빔밥

억센 껍질 일일이 깐 시래기, 3년 숙성 집 된장과 고추씨를 넣어 구수
하고 칼칼한 불고기.

와~

양구에서 살고 싶다~~.

방문 날짜 20   .   .     나의 평점 🍚🍚🍚🍚🍚

방문 후기

# 전주식당

TEL. 033-481-7922

식당 주소

강원 양구군 양구읍 비봉로 91-23

운영 시간

09:00-21:00

매주 월요일 휴무

주요 메뉴

촌두부전골
두부구이

50년간 오로지 장작불 두부만 고집해 왔다. 하루에 한 가마솥, 딱 두 판만 만든다니 늦지 않게 가시길!

강원도 하면 역시 두부~~.
양구 속의 전주지만 전혀 생뚱맞지 않습니다.

방문 날짜 20 . . 나의 평점

방문 후기

## 베짱이
## 문어국밥

**TEL. 033-632-1186**

식당 주소

강원 고성군 토성면 천학정길 12

운영 시간

09:00-16:00
주말 08:00-16:00
라스트 오더 15:00 매주 수요일 휴무

주요 메뉴

문어국밥
문어전
문어초회

고성 대문어, 숙주, 밥, 단순한 재료가 내는 풍부한 맛. 게다가 통창 너머로 펼쳐진 바다를 바라보며 먹는 맛이라니.

바다 좋고, 음식 좋고, 주인 품성 좋으니
투덜대는 분은 out!!

방문 날짜 20 . .     나의 평점

방문 후기

## 산복소나무 막국수

**TEL. 033-682-1690**

### 식당 주소
강원 고성군 거진읍 산북길 32

### 운영 시간
11:00-19:00
브레이크 타임 15:00-16:00
매월 첫째, 셋째 주 화요일 휴무

### 주요 메뉴
순메밀막국수
편육

밀가루 섞지 않은 100% 메밀면. 처음에는 나온 그대로 메밀 향을 즐기며 먹다가, 중간에 동치미 국물을 넣는 것을 추천한다.

마당의 600년 수령 소나무는 이 집의 파수꾼입니다.
절대 뻘짓거리 할 수 없습니다.

---

방문 날짜  20    .    .          나의 평점  🍚🍚🍚🍚🍚

방문 후기

## 강동호식당

TEL. 033-631-2252

식당 주소

강원 속초시 만천1길 4-4

운영 시간

11:00-19:30

브레이크 타임 15:00-17:00

매월 첫째, 셋째 주 화요일 휴무

주요 메뉴

물곰탕

생대구탕

어부인 아버지가 잡아 오는 생선과 제철 해산물로 만든 반찬. 진정한
바닷가 밥상이다.

물곰탕,

이거 별로 좋은 음식이 아닙니다.

해장하러 왔다가

'소주 한 병!' 하고 외치기 십상입니다.

## 미가

TEL. 033-635-7999

식당 주소

강원 속초시 신흥2길 41

운영 시간

08:00-16:40
라스트 오더 15:55
매주 목요일 휴무

주요 메뉴

황태구이정식
더덕구이정식

뽀얀 황태국. 황태, 들기름, 맹물이 재료의 전부라는데, 마치 우유 같이 고소하다.

그동안 황태를 좋아했지만 깊은 맛을 느낀 것은 처음입니다.
앞으로 깊이 사랑하겠습니다.

# 성도횟집

**TEL. 033-671-7475**

식당 주소

강원 양양군 현남면 안남애길 51

운영 시간

11:00-20:00

전화 예약 필수

주요 메뉴

참가자미세꼬시

100% 예약제로 자연산 낚시 가자미만 쓰는 곳. 감히 '아름다운 맛'이

라고 말하고 싶다.

양양 남애항에 다시 올 이유가 생겼습니다.

이 집의 세꼬시와 어죽 때문입니다. 꿀꺽….

방문 날짜  20  .  .  .    나의 평점  🍚🍚🍚🍚🍚

방문 후기

# 경기돌섬횟집

**TEL. 033-535-6865**

식당 주소

강원 동해시 일출로 161

운영 시간

10:00-22:00

주요 메뉴

물회

대게찜

상을 장식하는 제철 반찬. 야들야들한 활어에 새콤달콤한 양념 육수를 부어 먹는 물회가 사라진 입맛을 되찾아 주었다.

하늘은 칙뿌둥한데 이 집 물회는 화창한 맛입니다.
(이거 딸 됩니까?)

방문 날짜 20 .  .    나의 평점 🍚🍚🍚🍚🍚

방문 후기

# 허구한날

TEL. 033-573-1185

식당 주소

강원 삼척시 대학로 51

운영 시간

17:00-24:00

전화 후 방문 추천

(재료 소진 시 조기 마감)

주요 메뉴

문어

생박합탕, 백골뱅이무침을 먹고 있으면 주인공 문어숙회가 나온다.

이만한 코스가 있으려나.

마누라 잔소리가 들리누나.

"허구한 날 술 마시면서 촬영도 허구한날이냐!"

---

방문 날짜  20    .    .        나의 평점  🍚🍚🍚🍚🍚

---

방문 후기

## 강화가든

**TEL. 033-575-0011**

식당 주소

강원 삼척시 원당로2길 69

운영 시간

17:00-21:00
매월 첫째, 셋째 주 일요일 휴무
전화 예약 추천

주요 메뉴

등심
된장찌개

메뉴는 등심 하나. 열세 가지 쌈 채소와 3년 숙성한 강원도식 막장찌개까지 그야말로 완벽하다.

고기도, 그릇도, 맛도, 인심도,
어느 곳도 이 집을 따라가지 못합니다.
넉넉합니다.

방문 날짜  20    .    .          나의 평점  🍚🍚🍚🍚🍚

방문 후기

# 산능이본가

TEL. 033-591-2483

식당 주소

강원 정선군 사북읍 소금강로 3614

운영 시간

10:30-20:30

브레이크 타임 14:00-17:00

(재료 소진 시 조기 마감)

주요 메뉴

곤드레밥

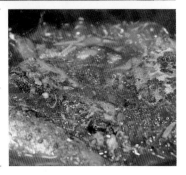

매일 산을 타며 나물을 따는 주인장. 신선한 맛을 위해 하루에 네 번씩 나물을 무친다고 한다.

눈이 번쩍! 꽁치곤드레조림!

걱정스럽다.

이 시간 이후 다른 밥상이 눈에 찰까?

| 방문 날짜 20 . . | 나의 평점   |
| --- | --- |

방문 후기

# 회동집

TEL. 033-562-2634

식당 주소

강원 정선군 정선읍 5일장길 37-10

운영 시간

09:00-18:00

매주 수요일 휴무

(장날일 경우 목요일 휴무)

주요 메뉴

모둠전
콧등치기국수
올챙이국수

상에 오르는 건 다 직접 만든단다. 반세기 동안 강원도 맛의 진수를 보여준 곳.

배추전 냄새 따라 들어왔는데
강원도의 맛이 기다리고 있었습니다.

방문 날짜  20   .   .          나의 평점  😊😊😊😊😊

방문 후기

# 회산막국수

TEL. 033-766-3390

식당 주소

강원 원주시 원문로 336

운영 시간

11:00-21:00
브레이크 타임 15:00-17:00
라스트 오더 20:00

주요 메뉴

흑돼지보쌈
코다리막국수

메밀전병에 싸 먹는 흑돼지보쌈. 자극적이지 않고 부드러운 맛이 꼭

양반집에서 먹는 음식 같다.

원주의 미래!

# 대전 · 충청 밥상

# 대전·충청

## 공주
**귀연당 · 198**
한우곰탕, 한우수육

**별난주막 · 200**
별난특별난닭백숙, 더덕구이정식

**전통궁중칼국수 · 202**
수육, 궁중칼국수

**청벽가든 · 204**
장어구이, 참게탕

## 보령
**나그네집 · 192**
세모국백반

**터가든 · 194**
굴정식, 굴밥

**장벌집 · 196**
붕장어구이, 간재미탕

## 서천
**만풍호 · 206**
갑오징어회, 갑오징어통찜

**어항생선매운탕 · 208**
우럭매운탕, 꽃게찜

## 부여
**왕곰탕식당 · 210**
양탕, 양수육

**삼정식당 · 212**
한우파불고기, 냉면

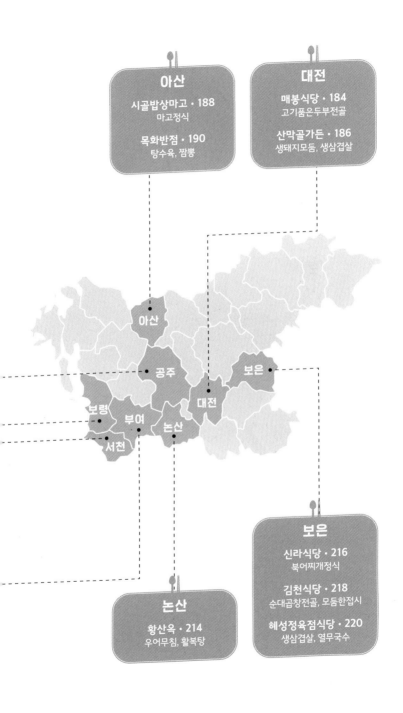

## 아산

**시골밥상마고 · 188**
마고정식

**목화반점 · 190**
탕수육, 짬뽕

## 대전

**매봉식당 · 184**
고기품은두부전골

**산막골가든 · 186**
생돼지모둠, 생삼겹살

아산

공주

보은

보령

부여

논산

대전

서천

## 보은

**신라식당 · 216**
북어찌개정식

**김천식당 · 218**
순대곱창전골, 모둠한접시

**혜성정육점식당 · 220**
생삼겹살, 열무국수

## 논산

**황산옥 · 214**
우어무침, 활복탕

# 매봉식당

**TEL. 042-625-3345**

식당 주소

대전 대덕구 계족로664번길 113

운영 시간

11:00-21:00

브레이크 타임 15:00-17:00(주말
16:00-17:00) 매주 월요일 휴무

주요 메뉴

고기품은두부전골

밀가루 못 먹는 자식들을 위해 두부를 만두피 대신 썼단다. 엄마의 사랑이 담긴 음식이다.

필요는 진화의 기본이다.

방문 후기

# 산막골가든

TEL. 042-585-2475

**식당 주소**

대전 서구 장안로 772-62

**운영 시간**

11:00-15:00

일요일 12:10-15:00

**주요 메뉴**

생돼지모둠

생삼겹살

주인이 직접 사육한 돼지만 쓰는 곳. 1년 이상 키워서 출하해, 육질이 단단하고 쫄깃한 게 특징이다.

돼지고기 고소한 맛,
장태산 골짜기를 뒤흔드네~.

---

**방문 날짜** 20 .  .          **나의 평점**

---

**방문 후기**

# 시골밥상마고

TEL. 041-544-7157

식당 주소

충남 아산시 송악면 송악로 521-7

운영 시간

10:30-21:00

주요 메뉴

마고정식

장작불에 옛 방식으로 삶는 시래기. 쌀뜨물에 멸치 좀 넣고 푹 끓이면 시골 밥상 완성!

정성 으뜸.
정갈하고 짜지 않은 간.
시래기 줄기 씹는 맛이 좋은 된장국.

---

방문 날짜 20    .    .    나의 평점  🍚🍚🍚🍚🍚

---

방문 후기

# 목화반점

TEL. 041-545-8052

식당 주소

충남 아산시 온주길 28-8

운영 시간

11:00-18:00

매주 월요일 휴무

(재료 소진 시 조기 마감)

주요 메뉴

탕수육

짬뽕

짬뽕 국물이 이렇게 시원할 줄이야. 주문 즉시 조리해서 내온 노란 탕

수육에서 남다른 내공을 느꼈다.

2시간… 3시간…

기다리면서도 음식 맛을 배신할 수 없어서 또 오는 곳.

아~ 내 발걸음은 김유신의 말이로구나~~.

---

방문 날짜  20    .    .        나의 평점  🍚🍚🍚🍚🍚

---

방문 후기

## 나그네집

**TEL. 041-931-9988**

### 식당 주소

충남 보령시 작은오랏2길 13

### 운영 시간

11:00-22:00

매월 첫째, 셋째 주 월요일 휴무

### 주요 메뉴

세모국백반(점심 한정 판매)

서해안 향토 음식인 세모국. 바지락 육수에 세모가사리를 넣은 게 다
인데 어찌 이리 훌륭한 맛이 날까.

부인이 내놓는 세모국백반은
길 떠나는 나그네의 발걸음을 멈추게 한다.

---

**방문 날짜** 20 . . **나의 평점**

**방문 후기**

# 터가든

TEL. 041-641-4232

**식당 주소**

충남 보령시 천북면 홍보로 666

**운영 시간**

11:00-20:00

**주요 메뉴**

굴정식
굴밥

바위에서 자라 잘지만 쫄깃한 천북 굴. 굴을 민물에 헹구지 않는 게
이 집 철칙이란다.

여덟 가지 굴 요리.
단조로울 것 같지만
깊고 달큰한 맛은 이 집 부부의 성품까지 엿보게 합니다.

---

방문 날짜 20   .     .          나의 평점  🍚🍚🍚🍚🍚

방문 후기

# 장벌집

TEL. 041-932-6232

**식당 주소**

충남 보령시 해안로 321

**운영 시간**

11:00-21:00

매주 수요일 휴무

**주요 메뉴**

붕장어구이

간재미탕

주문 즉시 구워 나오는 붕장어. 소금구이는 덤덤한데, 오히려 많이 먹을 수 있어 좋다.

들어올 때는 흐늘대던 남자.
나갈 때는 먼지 날리며 떠나가네.
아하~ 그럼 그렇지, 이 집 장어 효과일세!

---

**방문 날짜** 20   .   .      **나의 평점** 🍚🍚🍚🍚🍚

---

**방문 후기**

# 귀연당

TEL. 041-852-9779

식당 주소

충남 공주시 의당면 의당로 981

운영 시간

11:00-14:00

라스트 오더 13:00

매주 월요일 휴무, 전화 예약 필수

주요 메뉴

한우곰탕

한우수육

하루에 딱 스무 그릇만 판매하는, 전화 예약이 필수인 곳이다. 고소함의 극치를 맛보았다.

굽이굽이 끝없는 산길을 올라온 보람이 있습니다.
깊은 산중에 자리해서 다치지 않은 음식이 멋진 곳입니다.

---

방문 날짜  20   .      .          나의 평점  🍚🍚🍚🍚🍚

---

방문 후기

# 별난주막

TEL. 042-826-0722

**식당 주소**

충남 공주시 반포면 동학사1로 266-14

**운영 시간**

11:00-21:00

라스트 오더 20:00

매주 월요일, 화요일 휴무

**주요 메뉴**

별난특별닭백숙(예약 필수)

더덕구이정식

심마니 주인장의 건강 나물 밥상. 오죽하면 설탕 대신 대추를 고아 청을 만들어 쓴단다.

나물, 또 나물.

아~ 아~

봄이면 스님이 되고 싶다.

---

방문 날짜 20 .  .  나의 평점

방문 후기

## 전통궁중
## 칼국수

TEL. 041-858-2397

식당 주소

충남 공주시 금벽로 679

운영 시간

10:00-21:00

주요 메뉴

수육

궁중칼국수

무지하게 맛있는 집이라기보다는 잔잔하게 다가와 여운이 오래 남는 집이다.

칼국수 맛이 거기서 거기 아닌가요?
그런데 줄을 서서 먹는 이유가 뭘까요?

| 방문 날짜 | 20 | . | . | 나의 평점 |  |
|---|---|---|---|---|---|

방문 후기

# 청벽가든

TEL. 041-854-7383

식당 주소

충남 공주시 반포면 창벽로 750

운영 시간

10:30-21:00

브레이크 타임 15:00-17:00 라스트
오더 14:00, 20:00 매주 월요일 휴무

주요 메뉴

장어구이
참게탕

기름기가 적게 느껴지는 이곳 장어구이. 마무리로 먹은 참게탕과 조합이 좋다.

장어야~ 참게야~ 새우야~
너희들이 희생되는 이유가 있다.
맛이 유별나서!

---

방문 날짜 20 .  .  나의 평점

방문 후기

## 만풍호

TEL. 041-952-2935

**식당 주소**

충남 서천군 서면 서인로 64, 7호, 8호

**운영 시간**

09:00-19:00

전화 후 방문 추천

**주요 메뉴**

(계절 한정 판매)

갑오징어회

갑오징어통찜, 갑오징어볶음

생물 갑오징어는 다른 간이 필요없다. 회로도, 찜으로도, 볶음으로도
완벽한 맛을 보여 준다.

큰일 났다!
전라도 한정식이 갈 곳이 없구나!

방문 날짜 20 . . 나의 평점

방문 후기

## 어항생선
## 매운탕

TEL. 041-956-3737

식당 주소

충남 서천군 장항읍 장산로 324-1

운영 시간

10:00-21:00

매주 월요일 휴무

주요 메뉴

우럭매운탕

꽃게찜

50년 경력의 어부 남편이 우럭을 잡아 온다. 신선함도, 간도 완벽한
매운탕이다.

우럭매운탕의 국물 맛이 환상입니다.
겨울에는 물메기탕이 좋다니,
명함 한 장 주세요!

---

나의 평점

방문 후기

## 왕곰탕식당

TEL. 041-835-3243

**식당 주소**

충남 부여군 부여읍 사비로108번길
13

**운영 시간**

10:30-20:30

브레이크 타임 14:30-17:00

매주 일요일 휴무 (재료 소진 시 조기 마감)

**주요 메뉴**

양탕
양수육

쫄깃한 양과 고소한 국물을 즐기다가, 절반쯤 남았을 때 부추무침을
넣어 매콤하게 먹는 게 양탕 제대로 맛보는 법!

식사가 끝나도 입 안에 양의 구수함이 떠나질 않습니다.
무얼 더 바라겠습니까.

## 삼정식당

TEL. 041-834-4461

식당 주소

충남 부여군 부여읍 성왕로 292

운영 시간

11:30-20:00

브레이크 타임 14:00-17:30

4월~9월 둘째, 넷째 주 일요일 휴무

주요 메뉴

한우파불고기

냉면

윅질로 입힌 불 향과 대파 향이 가득한 불고기. 점심, 저녁 각각 60인 분만 판다니 서두르시길!

불고기는 여러 종류가 있습니다.
여기 부여식 불고기 잊지 마세요.

---

방문 날짜 20 . . 나의 평점

방문 후기

# 황산옥

TEL. 041-745-4836

**식당 주소**

충남 논산시 강경읍 금백로 34

**운영 시간**

10:30-20:30

라스트 오더 20:00

**주요 메뉴**

우어무침

활복탕

고소한 웅어회무침과 참복 한 마리가 통째로 든 복탕. 100년 역사가 괜히 쓰였겠는가.

금강에 오시거든 이것 잊지 마세요.

웅어회, 참복탕.

방문 날짜 20 .    .    나의 평점 🍚🍚🍚🍚🍚

방문 후기

# 신라식당

TEL. 043-544-2869

식당 주소

충북 보은군 보은읍 교사삼산길 40

운영 시간

10:30-21:00

라스트 오더 19:30

매월 셋째 주 일요일 휴무

주요 메뉴

북어찌개정식

역시 관공서 맛집! 주인장이 돌아가신 어머니의 솜씨를 그대로 물려받아 운영한다고 한다.

북엇국은 들어봤지만 북어찌개는 처음 들어 봤습니다.
반찬이랑 찌개는 서로의 한계를 넘지 않는 밥상의 꽃이었습니다.

---

**방문 날짜** 20 .  .          **나의 평점** 🍚🍚🍚🍚🍚

---

**방문 후기**

# 김천식당

TEL. 043-543-1413

식당 주소

충북 보은군 보은읍 삼산로1길 25-4

운영 시간

10:00-21:00

브레이크 타임 15:00-17:00

라스트 오더 20:00 (재료 소진 시 조기 마감)

주요 메뉴

순대곱창전골
모둠한접시

보은 사람은 다 안다는 곳. 채소와 두부가 소의 70%를 차지하는 대창
순대가 제맛이다.

순대의 꼬신 맛이 젓가락을 놓지 않게 합니다.
젊은 부부의 세세한 정성이 맛을 책임집니다.

방문 날짜 20 .  .        나의 평점 🍚🍚🍚🍚🍚

방문 후기

## 혜성정육점 식당

TEL. 043-542-7361

식당 주소

충북 보은군 보은읍 삼산남로 7-1

운영 시간

11:00-20:30

주요 메뉴

생삼겹살
열무국수

일주일에 다섯 번 들어 온다는 생삼겹살. 여기에 약초를 넣은 소스가
맛을 한층 더 올린다.

소스를 보탠 삼겹살과 그냥 삼겹살의 차이를 알았습니다.
음식의 완성은 끝이 보이지 않습니다.

방문 날짜  20    .    .          나의 평점

방문 후기

# 대구·부산·
# 경상 밥상

# 대구·부산·경상

## 경산
한우생고기 · 240
생고기+육회, 한우물회

## 구미
신사랑방 · 234
북어물찜, 북엇국

종갓집추어탕 · 236
추어탕, 닭볶음

산동식당 · 238
머릿고기, 수육

## 대구
국일생갈비 · 226
한우특생갈비, 한우양념갈비

## 합천
순할머니손칼국수 · 250
전통칼국수, 고추부추전, 배추전

## 사천
박서방식당 · 252
백반정식

풍년복집 · 254
참복국, 복매운탕

한밭갈비 · 256
돼지생갈비, 된장찌개

## 남해
재두식당 · 258
멸치조림쌈밥, 수제도토리묵

단골집 · 260
정식, 두루치기

부산횟집 · 262
물회

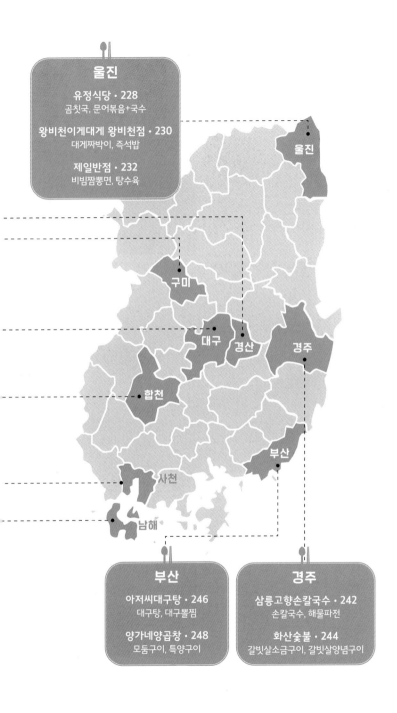

**울진**

유정식당 · 228
곰칫국, 문어볶음+국수

왕비천이게대게 왕비천점 · 230
대게짜박이, 즉석밥

제일반점 · 232
비빔잠뽕면, 탕수육

울진

구미

대구 경산 경주

합천

부산

사천

남해

**부산**

아저씨대구탕 · 246
대구탕, 대구뽈찜

양가네양곱창 · 248
모둠구이, 특양구이

**경주**

삼릉고향손칼국수 · 242
손칼국수, 해물파전

화산숯불 · 244
갈빗살소금구이, 갈빗살양념구이

# 국일생갈비

### TEL. 053-254-5115

**식당 주소**

대구 중구 국채보상로 492

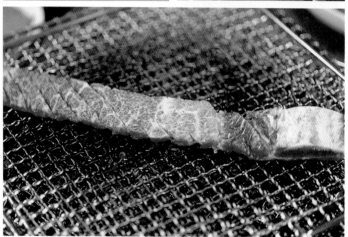

**운영 시간**

11:30-21:30

**주요 메뉴**

한우특생갈비

한우양념갈비

한우 암소 1등급, 3번~6번 갈빗대를 사용한 생갈비. 육질은 연하고,
육즙은 퍼진다.

자극적이지 않고 편안한 맛.
또 오고 싶은 곳.

## 유정식당

**TEL. 054-782-3600**

식당 주소

경북 울진군 죽변면 봉황길 24

운영 시간

06:30-19:30

브레이크 타임 14:30-17:00

매월 첫째, 셋째 주 화요일 휴무

주요 메뉴

곰칫국
문어볶음+국수

흐물흐물한 곰치 살. 새우젓과 액젓, 고춧가루 넣고 시원하게 담근 김치가 국 맛의 핵심.

겨울 하면 곰칫국!
곰칫국 하면 동해!

방문 날짜 20 . . 나의 평점 😊😊😊😊😊

방문 후기

# 왕비천이게대게
## 왕비천점
### TEL. 054-787-8383

식당 주소

경북 울진군 근남면 불영계곡로 3630

운영 시간

10:00-19:30

브레이크 타임(평일) 15:00-17:00

주요 메뉴

대게짜박이

즉석밥

대게를 된장, 고추장에 박아 두고 오래 보관하던 울진 향토 음식 '짜박이'. 삼삼하니 참 맛나다.

전국 해변에 게는 많지만
여보시게, 이 집 대게짜박이 잡숴 보시게.
아름답구먼~~.

방문 날짜  20    .    .        나의 평점

방문 후기

# 제일반점

TEL. 054-782-3466

## 식당 주소
경북 울진군 죽변면 죽변중앙로 168-13

## 운영 시간
11:00-21:00

## 주요 메뉴
비빔짬뽕면
탕수육

50년 내공이 담긴 고추기름장으로 만든 비빔짬뽕면. 면에 양념이 착 달라붙어 떨어지지 않는다.

주문→계산→음식 받기→빈 그릇 수거까지
전부 손님 몫입니다.
그러나 맛이 보상합니다.

| 방문 날짜 20 . . | 나의 평점  |
| --- | --- |

방문 후기

# 신사랑방

TEL. 054-456-3326

**식당 주소**

경북 구미시 금오산로 140

**운영 시간**

10:30-21:00

매월 첫째, 셋째 주 월요일 휴무

**주요 메뉴**

북어물찜
북엇국

특허까지 냈다는 북어물찜. 폭신하고 통통한 북어 살과 슬금슬금 올라오는 매운맛 양념이 조화롭게 어울린다.

안동의 간고등어가 마지막 생선인 줄 알았드만
구미에 북어가 있을 줄이야!
북어의 재탄생!

---

## 종갓집추어탕

TEL. 054-604-3051

식당 주소

경북 구미시 임은3길 16

운영 시간

11:00-21:30

브레이크 타임 15:00-17:00

매주 일요일 휴무

주요 메뉴

추어탕

닭볶음

그릇만 보아도 맛을 안다. 손님께 대접받는 느낌을 드리고자, 그릇을
주문 제작해서 쓴단다.

주인이 이승연 씨에게게만 그릇을 선물했지만
결코 화를 낼 수 없었습니다.
이 집의 음식 맛은 그릇부터 감동을 주기 때문입니다.

방문 날짜  20    .    .          나의 평점

방문 후기

# 산동식당

TEL. 054-471-3067

식당 주소

경북 구미시 산동읍 강동로 1001

운영 시간

10:30-21:30

라스트 오더 21:00

주요 메뉴

머릿고기

수육(방문 1시간 전 예약 필수)

두항정살, 볼살, 목덜미살, 혀. 같은 머리에서 왔는데 이렇게 개성이
뚜렷할 수가!

주변 골프장 손님들에게 인정 받은 20년.
헛된 시간이 아니었습니다.

| 방문 날짜 20 . . | 나의 평점 |  |
| --- | --- | --- |

방문 후기

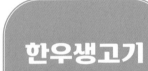

# 한우생고기

### TEL. 053-812-3487

**식당 주소**
경북 경산시 성암로21길 11-8

**운영 시간**
16:00-24:00
주말 휴무

**주요 메뉴**
생고기+육회
한우물회

근막을 일일이 제거해 질기지 않고 쫀득한 한우 우둔살 생고기. 산뜻
하게 양념한 한우물회는 별미!

한우물회 발견!

방문 날짜    20    .    .                나의 평점

방문 후기

# 삼릉고향 손칼국수

TEL. 054-745-1038

**식당 주소**

경북 경주시 삼릉3길 2

**운영 시간**

08:30-20:30

**주요 메뉴**

손칼국수

해물파전

아홉 가지 곡물이 들어 간 국물과 우리 밀로 반죽한 면. 그 고소한 향
이 코끝을 맴돈다.

밀가루, 콩가루, 보릿가루, 깻가루 다 덤벼라!
우리 밀이 여기 있다!

방문 날짜  20  .  .          나의 평점  😋😋😋😋😋

방문 후기

# 화산숯불

TEL. 054-774-0768

**식당 주소**

경북 경주시 천북면 천강로 460

**운영 시간**

11:00-21:00

일요일 11:00-20:00

**주요 메뉴**

갈빗살소금구이

갈빗살양념구이

육회

반찬만 스물세 가지. 손님들이 좋다니까 신이 나서 하나씩 넣다 보니
이렇게 됐단다.

육회와 생간이 젓가락을 놓을 수 없게 하는구려.
서산에 해 넘어간 지 한참인데…….
빨리 일어나야 하는데…….

방문 날짜 20    .    .          나의 평점 🍚🍚🍚🍚🍚

방문 후기

# 아저씨대구탕

**TEL. 051-746-2847**

**식당 주소**

부산 해운대구 달맞이길62번가길 31

**운영 시간**

07:00-21:00

매월 둘째, 넷째 주 월요일 휴무

**주요 메뉴**

대구탕

대구뽈찜

부산국제영화제가 열리면 배우들이 찾아오는 집. 하얗고 맑은 대구
탕 국물이 제대로다.

새벽 3시에 기상해서 부산까지 달려온 보람이 있습니다.
기대 이상의 음식은 불평을 잊게 합니다.

방문 날짜 20 .    .     나의 평점 🍚🍚🍚🍚🍚

방문 후기

# 양가네양곱창

**TEL. 051-741-1157**

**식당 주소**

부산 해운대구 구남로8번길 7-3

**운영 시간**

16:00-24:00

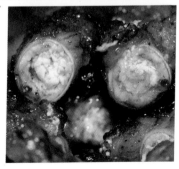

**주요 메뉴**

모둠구이
특양구이

소기름에 튀겨서 초벌을 하는 게 이 집의 비법. 여기에 칼집을 넣어
식감도 살리고 양념도 잘 배게 했다.

친구야, 음식은 바닥인데 어째 일어날 기미가 없는가.
음식값이 없나 돌아갈 집이 없나.
내일도 이 집 영업은 계속될 것이니 걱정 말고 일어나시게.

방문 날짜 20    .    .    나의 평점 🍚🍚🍚🍚🍚

방문 후기

# 순할머니
# 손칼국수

**TEL. 055-933-7004**

**식당 주소**

경남 합천군 합천읍 충효로 113

**운영 시간**

10:30-17:00

라스트 오더 16:30

매주 월요일, 화요일 휴무

**주요 메뉴**

전통칼국수

고추부추전

배추전

밀가루, 콩가루, 옥수수 가루로 반죽한 면. 감자를 으깨 넣어 부드럽
고 구수한 국물.

오늘 밤,

잠꼬대한다면 아마 이 집 칼절이가 원인일 것입니다.

환장하게 맛있습니다~~.

---

방문 날짜 20    .    .          나의 평점 🍚🍚🍚🍚🍚

---

방문 후기

## 박서방식당

**TEL. 055-833-8199**

식당 주소

경남 사천시 유람선길 14

운영 시간

11:00-15:30

매주 화요일-목요일 휴무

(재료 소진 시 조기 마감)

주요 메뉴

백반정식

17년 내공의 백반집. 새우장, 전복장, 김장에 피꼬막과 메기구이까지. 밥 도둑은 여기 다 모였다.

전복장, 새우장, 김장.
이런 걸 밥상에 내어놓고 이 가격에.
환장하겠네요.

| 방문 날짜 20 . . | 나의 평점  |
| --- | --- |

방문 후기

## 풍년복집

TEL. 055-832-8909

**식당 주소**

경남 사천시 수남길 82

**운영 시간**

06:00-18:00

**주요 메뉴**

참복국
복매운탕

자연산 참복국. 모 대기업 회장님도 단골이라는데, 막상 들어 가는 재료는 신선한 생선과 조선간장이 끝이란다.

대기업 회장님이 쫓겨나셨다가 단골이 된 집.
그분의 입맛이 짐작됩니다.

방문 날짜  20    .    .          나의 평점  🍚🍚🍚🍚🍚

방문 후기

# 한밭갈비

**TEL. 055-833-9999**

**식당 주소**

경남 사천시 목섬길 26

**운영 시간**

17:00-21:30

토요일 11:00-21:30

매주 일요일 휴무

**주요 메뉴**

돼지생갈비

된장찌개

당일 도축장에서 공수해 온 갈비를 직접 정형해서 쓰는 곳. 얇게 썬
고기 맛을 이제서야 알았다.

돼지생갈비, 양념갈비도 좋았지만
마무리 된장찌개는 웬일입니까.
화려한 피날레였습니다.

| 방문 날짜 20 . . | 나의 평점   |

방문 후기

## 재두식당

### TEL. 055-862-6022

식당 주소

경남 남해군 상주면 남해대로 918-6

운영 시간

10:00-15:00

매주 월요일, 화요일 휴무

주요 메뉴

멸치조림쌈밥

수제도토리묵

농사지은 배추로 담근 묵은지가 기가 막힌 멸치조림. 쌈에 밥 한 술,
멸치 한 마리 올린 뒤에 꼭 국물을 넣어 싸 먹자.

멸치조림의 비린내.
보리암 스님들은 어떻게 참고 지내실까.

방문 날짜  20   .     .        나의 평점  😋😋😋😋😋

방문 후기

# 단골집

TEL. 055-864-5190

**식당 주소**

경남 남해군 남해읍 망운로 1-17

**운영 시간**

12:00-12:30

전화 예약 필수

**주요 메뉴**

정식

두루치기

100% 예약제로 점심에 딱 일곱 팀만 받는다. 부세구이, 콩잎장아찌, 멍게무침, 갑오징어구이까지, 서울 올라올 생각 없으세요?

정성 으뜸.

가성비 짱!

## 부산횟집

TEL. 055-862-1709

식당 주소

경남 남해군 서면 남서대로 1727-15

운영 시간

11:00-19:00

브레이크 타임 14:30-15:30

매월 둘째, 넷째 주 월요일 휴무

주요 메뉴

물회

회무침처럼 국물이 많지 않은 물회. 직접 만든 초장을 한 달 숙성해서
쓰는 게 비법!

단일 메뉴로 50년.
갈매기만 보고 지난 세월이 아닙니다.
지금 아쉬운 것은 문 앞 바닷가에 앉아
소주 한 잔 못 하고 돌아온 것입니다.

---

방문 날짜 20  .  .   나의 평점

방문 후기

# 광주 · 전라 밥상

# 광주·전라

## 광주

**송정떡갈비 1호점 · 268**
한우떡갈비, 육회비빔밥

**앵무동 · 270**
소고기+낙지탕탕이, 낙지연포탕

**막동이회관 · 272**
생고기, 토시살

## 영광

**중앙먹거리 · 284**
병어회, 병어조림

**사거리식육식당 · 286**
생고기, 애호박찌개

## 함평

**제일식당 · 288**
백반

## 목포

**청호식당 · 290**
백반

**한샘이네 · 292**
병어회, 삼치회

**성식당 · 294**
전라도떡갈비백반

## 해남

**오대감 · 296**
생고기, 한우특수부위3종

**성내식당 · 298**
샤브샤브

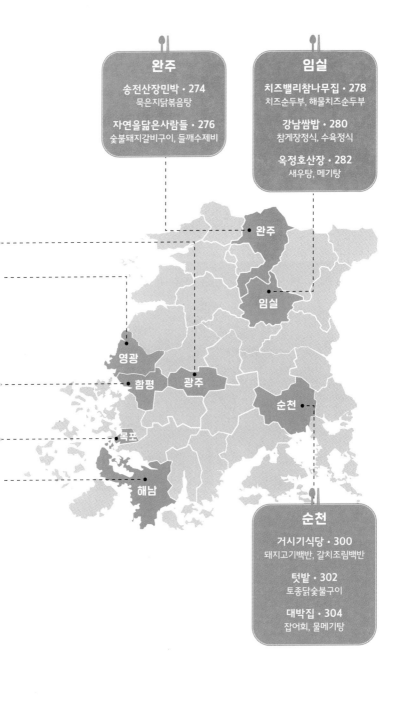

## 송정떡갈비 1호점

TEL. 062-944-1439

식당 주소

광주 광산구 광산로29번길 1

운영 시간

09:30-21:30

매월 첫째 주 월요일(공휴일인 경우 화요일),
매주 일요일 휴무

주요 메뉴

한우떡갈비
육회비빔밥

열네 가지 반찬과 연탄불 위에서 비벼 나온 육회비빔밥, 서비스 돼지 등뼛국까지 무엇 하나 빠지는 것이 없다.

육회비빔밥 좋구나.
떡갈비도 좋구나.
덤으로 나온 뼛국은 더 좋구나.

방문 날짜 20 . . 나의 평점 😊😊😊😊😊

방문 후기

# 앵무동

**TEL. 062-676-6533**

식당 주소

광주 남구 봉선로79번길 2

운영 시간

17:00-22:00

(재료 소진 시 조기 마감)

주요 메뉴

소고기+낙지탕탕이
낙지연포탕

신안 갯벌 낙지만 고집하는 곳. 연포탕은 멸치 없이 채소만 넣고 끓여 낙지 맛 그대로를 느낄 수 있다.

낙지 축제.
낙지의 처음과 끝.
그 맛에 홀린 남녀…

방문 날짜 20    .    .        나의 평점

방문 후기

# 막동이회관

**TEL. 062-222-0840**

식당 주소

광주 동구 남문로 614

운영 시간

11:00-21:30
브레이크 타임 14:30-16:30
격주 일요일 휴무

주요 메뉴

생고기
토시살

이 집 우둔살 생고기는 막장에 푹 찍어 꼭꼭 씹어 먹어야 제맛을 느낄 수 있다.

광주 여행,
이 집 들르지 않으면 무효!!

방문 날짜  20    .    .          나의 평점

방문 후기

# 송전산장민박

**TEL. 063-243-5148**

**식당 주소**

전북 완주군 소양면 신지송광로
831

**운영 시간**

11:00-20:30
전화 예약 추천

**주요 메뉴**

묵은지닭볶음탕

환상적인 3년 묵은지의 맛. 게다가 토종 노계는 영계를 다 이겨 버렸다.

박칼린 씨의 음식 평입니다.
"기승전결이 좋았다.
나물로 시작해서 묵은지, 닭볶음탕, 개떡이 그랬다."
동감!

방문 날짜 20   .   .       나의 평점 🍚🍚🍚🍚🍚

방문 후기

# 자연을닮은 사람들

TEL. 063-244-4567

식당 주소

전북 완주군 소양면 소양로 270-14

운영 시간

11:00-20:30

브레이크 타임 15:30-17:00

라스트 오더 19:30 매주 화요일 휴무

주요 메뉴

숯불돼지갈비구이

들깨수제비

음식으로 시를 쓴다는 마음으로 요리한다는 주인장. 이러니 어찌 맛이 없겠는가.

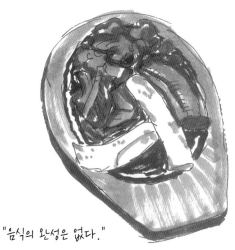

"음식의 완성은 없다."
또 한 번 느낍니다.

## 치즈밸리
## 참나무집

TEL. 063-642-3204

**식당 주소**

전북 임실군 성수면 도인2길 36

**운영 시간**

11:00-19:00

매월 둘째, 넷째 주 화요일 휴무

전화 후 방문 추천

**주요 메뉴**

치즈순두부

해물치즈순두부

고온에서 만들어 뚝배기 안에서도 녹지 않고 형태를 유지하는 퀘소

블랑코 치즈!

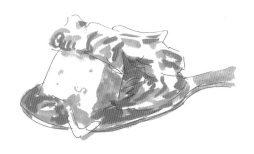

뭐, 이런 맛이지? 궁극의 고소함!

그 사이에 묵은지의 악센트!

---

**방문 날짜** 20 . .　　　　**나의 평점**

**방문 후기**

## 강남쌈밥

**TEL. 063-643-4167**

**식당 주소**

전북 임실군 운암면 강운로 1175-20

**운영 시간**

11:00-15:00

주말 11:00-20:00

매주 수요일 휴무

**주요 메뉴**

참게장정식

수육정식

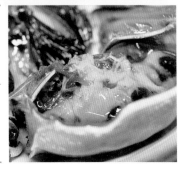

수육, 조기구이 등 맛난 반찬으로 가득 찬 밥상. 참, 참게는 서리 내
릴 무렵이 제일 맛있습니다.

임실이라서 그런가요.
튼실하고 짭조름한 게장이 밥 한 그릇을 또 부릅니다.

---

방문 날짜  20   .      .          나의 평점

방문 후기

# 옥정호산장

**TEL. 063-222-6170**

**식당 주소**

전북 임실군 운암면 운정길 7

**운영 시간**

10:30-21:00

매주 수요일 휴무

**주요 메뉴**

새우탕

메기탕

무김치, 갓김치, 양파김치, 고들빼기김치, 백김치까지! 생무청과 민물
새우 가득한 탕 맛도 일품.

깊은 맛 새우탕 한 숟가락.
머얼리 보이는 옥정호 더욱 아름답구나.

| 방문 날짜 20 . . | 나의 평점  |
| --- | --- |

방문 후기

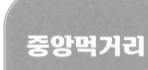

# 중앙먹거리

## TEL. 061-351-4141

**식당 주소**

전남 영광군 영광읍 물무로 106-2

**운영 시간**

17:00-24:00

전화 예약 필수

**주요 메뉴**

병어회

병어조림

소라무침, 굴무침, 생멸치무침, 조개젓 등 정신없을 정도로 나오는

반찬과 부드럽고 고소한 병어조림에 내 위장이 작은 게 한스러웠다.

큰일 났다!!

이 집 방영하면 좁은 골목 미어터질 텐데….

난 책임 없다!!

## 사거리
## 식육식당

**TEL. 061-356-7006**

식당 주소

전남 영광군 홍농읍 홍농로 487

운영 시간

10:00-21:00

브레이크 타임 15:00-16:00

라스트 오더 20:30 매주 일요일 휴무

주요 메뉴

생고기(공휴일 미판매)

애호박찌개

소 한 마리에 딱 두 덩이만 나오는 아롱사태. 만화《식객》에서도 소개한 부위다.

육회로 아롱사태만 고집하는 곳입니다.
게다가 애호박찌개는 달콤하고 매끄러운 피날레였습니다.

방문 날짜  20    .        .          나의 평점

방문 후기

# 제일식당

**TEL. 061-323-1008**

**식당 주소**

전남 함평군 월야면 전하길 65-1

**운영 시간**

11:00-19:00

매월 첫째, 셋째 주 일요일 휴무

**주요 메뉴**

백반

제철 반찬에 1인 1굴비. 돈이 남는지 안 남는지는 모르겠고, 그저 손
님이 행복하면 좋다는 사장님!

간판만 제일인 줄 알았느냐.
굴비구이 포함 찬이 열다섯 가지.
각각의 맛이 식당 이름을 받드는구나.

---

방문 날짜  20   .   .        나의 평점

방문 후기

# 청호식당

TEL. 061-274-6851

**식당 주소**

전남 목포시 산정안로 13

**운영 시간**

11:00-15:00

(재료 소진 시 조기 마감)

**주요 메뉴**

백반

돌게양념무침, 피조개, 생새우무침, 조기구이…. 매일 달라지는 남
도 반찬이 끝내준다.

한 상에 8,000원.
아인슈타인이 와도 계산 불가!

방문 날짜  20    .    .          나의 평점

방문 후기

## 한샘이네

TEL. 061-247-6800

**식당 주소**

전남 목포시 자유로 122

**운영 시간**

12:00-21:00

브레이크 타임 14:00-16:00

매월 첫째, 셋째 주 일요일 휴무

**주요 메뉴**

병어회

삼치회

쌈 채소에 양파, 밥, 병어회, 된장을 올려 싸 먹는 게 목포 방식. 아삭 아삭 고소하다.

회를 주문하면 찬 열다섯 가지.
찌개, 구이, 해변의 비릿한 맛 총 출동이오~~.

방문 날짜 20 　.　　.　　　　나의 평점

방문 후기

# 성식당

**TEL. 061-244-1401**

**식당 주소**

전남 목포시 수강로4번길 6

**운영 시간**

11:30-20:00

브레이크 타임 15:00-17:00

매주 목요일 휴무

**주요 메뉴**

전라도떡갈비백반

60년 전 방식 그대로인 목포식 떡갈비. 독자분들께 감히 권해드릴 만한 떡갈비입니다.

음식점 찾기는 뻘 밭에서 바지락 캐기와 같다.
한 번 파헤친 곳이라도 뒤지면 계속 튀어나온다.
그래서 백반기행은 흥미롭다.

방문 날짜  20    .    .          나의 평점  😋😋😋😋😋

방문 후기

# 오대감

TEL. 061-536-2700

**식당 주소**

전남 해남군 해남읍 영빈로 49

**운영 시간**

11:00-21:30

매월 둘째, 넷째 주 일요일 휴무

**주요 메뉴**

생고기

한우특수부위3종

차돌박이, 아롱사태, 우둔살을 생고기로 먹을 수 있는 곳. 각각 다른
맛에 입이 즐겁다.

지구상에서 소고기를 제일 많이 세분화해서 즐기는 한국.
이곳에서 확인 가능합니다.

방문 날짜 20    .    .          나의 평점 😊😊😊😊😊

방문 후기

# 성내식당

TEL. 061-533-4774

식당 주소
전남 해남군 해남읍 명문길 19-1

운영 시간
11:00-21:30
브레이크 타임 14:00-17:30
매주 일요일 휴무

주요 메뉴
샤브샤브

오래 익히면 익힐 수록 더 부드러워진다는 부챗살 샤브샤브. 심심한
집 된장 육수가 깔끔하다.

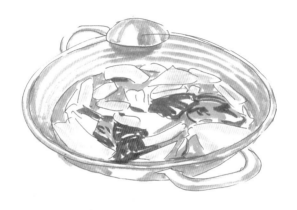

감태지, 김국,
해남에서 찾은 고향의 추억.

# 거시기식당

**TEL. 061-745-1479**

**식당 주소**

전남 순천시 저전길 15

**운영 시간**

10:30-16:00

라스트 오더 15:30

매주 일요일 휴무

**주요 메뉴**

돼지고기백반

갈치조림백반

매일 새벽 시장에서 재료를 사 온다. 계절마다 달라지는 반찬이 묘미. 다시 오고 싶은 집이다.

좋은 음식을 만나면 또 먹고 싶다.
좋은 사람을 만나면 또 만났으면 싶다.
우리 모두 그런 인간이 되자.

| 방문 날짜 | 20 | . | . | 나의 평점 | 🍚🍚🍚🍚🍚 |

**방문 후기**

# 텃밭

TEL. 061-721-1588

**식당 주소**

전남 순천시 봉화2길 67

**운영 시간**

12:00-24:00

**주요 메뉴**

토종닭숯불구이

닭을 토막을 친 게 아니라 얇게 포를 떠서 굽는 방식이다. 파김치, 배추김치, 깍두기, 백김치, 4종 김치와 조합이 좋다.

닭양념구이.
보통 맛은 천국이었고,
매운맛은 지옥이었다.
허나, 매운맛 뒤에
천국의 맛은
더욱 값졌다.

방문 날짜 20 .      .          나의 평점 🍚🍚🍚🍚🍚

방문 후기

# 대박집

TEL. 061-722-7507

식당 주소

전남 순천시 대석3길 10

운영 시간

17:00-24:00

매주 일요일 휴무

주요 메뉴

잡어회

물메기탕

비법은 없다. 맹물에 소금, 채소, 물메기만 있으면 탕 준비 끝. 이게
바로 재료의 힘이다!

물메기탕이 이 집의 수준을 보여 줬습니다.
슴슴하고 가는 국물이 자꾸 뒤돌아보게 만듭니다.

---

**방문 날짜** 20    .    .          **나의 평점**

**방문 후기**

**식객이 뽑은 진짜 맛집**

# 식객 허영만의 백반기행 4

| | |
|---|---|
| **초판 1쇄 발행** | 2023년 5월 25일 |
| **초판 2쇄 발행** | 2023년 9월 18일 |

| | |
|---|---|
| **지은이** | 허영만·TV조선 제작팀 |

| | |
|---|---|
| **펴낸이** | 신민식 |
| **펴낸곳** | 가디언 |
| **출판등록** | 제2010-000113호 |

| | |
|---|---|
| **주소** | 서울시 마포구 토정로 222 한국출판콘텐츠센터 401호 |
| **전화** | 02-332-4103 |
| **팩스** | 02-332-4111 |
| **이메일** | gadian@gadianbooks.com |
| **홈페이지** | www.sirubooks.com |

| | |
|---|---|
| **CD** | **신현숙 김안빈** |
| **디자인** | 이세영 |
| **마케팅** | 이수정 |

| | |
|---|---|
| **종이** | 월드페이퍼(주) |
| **인쇄 제본** | (주)상지사P&B |

| | |
|---|---|
| **ISBN** | 979-11-6778-043-0(13980) |